U0191699

罗克数学荒岛4 历险记

真假UBIQ

达力动漫 著

SPM
南方出版传媒

全国优秀出版社
全国百佳图书出版单位

广东教育出版社

·广 州·

目录

真假 UBIQ

1

食堂风波

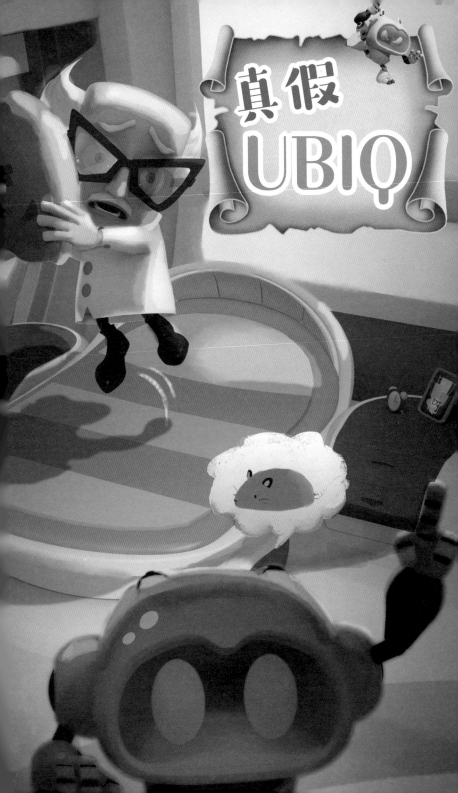

真假
UBIQ

UBIQ坏了？

大概是季节的缘故，最近阴雨连绵，太阳也偷起懒来，大半个月不见踪影。这种天气，除了晾不干衣服之外，也憋坏了镇子里的孩子们。天气不好，孩子们只能待在家里。少了在外奔跑打闹的小孩，小镇也少了些灵气。

日子过得很平静，原本罗克觉得待在家里也挺好的，可以看看书，看看电视。但是时间久了，罗克开始闷闷不乐了。前些日子，罗克认识了来自数学荒岛的外星朋友，他们一起和校长斗智斗勇，日子过得惊险刺

激。可是，最近外星朋友们都从罗克家里搬出去了，他觉得家里冷清多了。

这天，天气突然晴好，许久未见的阳光洒满了小镇，罗克决定出去走一走、玩一玩。于是，他早早吃完早餐，带着UBIQ出门了。

他们疯玩了一上午，到了中午回来的时候，罗克已经累得不行了，他趴在桌子上，肚子"咕咕"地叫。UBIQ赶忙去厨房给罗克做午饭。它是万能型机器人，厨艺非常厉害，它做的菜比人类厨师做的还要好吃。所以，只要有UBIQ在，就算没有家人在身边，罗克也不会饿肚子。

"UBIQ，汉堡好了没啊？我快饿晕了……"罗克趴在桌子上，肚子发出"咕咕"的叫声。他上午带着UBIQ去野外游玩，跑了大半天，现在早就已经饥肠辘辘。所以一回到家，罗克就让UBIQ赶紧给他做汉堡大餐，想着吃饱后去找依依玩。

就在罗克正计划着下午该玩些什么时，UBIQ端着个大盘子走过来，大盘子上盖着一个大盖子，看不到里面的东西。罗克迫不及待拿起筷子，流着口水翘首以盼UBIQ的"揭盖惊喜"。吃汉堡用筷子，这是罗克的习惯。

UBIQ将盘子放在桌上，罗克顿时眼前一亮，这诱人的色泽……不对啊！罗克定睛一看，只见盘子里是一个螺丝钉铁板拼成的"汉堡"。

罗克看着盘中所谓的"汉堡大餐"愣了好一会儿，说："好你个UBIQ，都学会开

玩笑了，这东西是人吃的吗？"

UBIQ屏幕上出现问号，表示不懂罗克的意思，罗克叹了口气趴在桌子上无奈地说道："别玩了，快把午餐拿出来吧！我快饿死了！"

UBIQ表示没有开玩笑，这就是午餐。"UBIQ，你快重新做一份正常的午餐给我吧，正好我可以先写会儿作业。"罗克觉得UBIQ这个恶作剧过头了，自己实在是饿得没心情开玩笑了，他叹了口气走到客厅桌子前，打开平板电脑——学校布置的作业都直接通过网络发送给每个同学，他平时都是用这台平板电脑做作业。

今天的数学题目不少，但都是基础题，对罗克来说没有什么难度。经过简单的心算，罗克直接在题目后面写出答案，然后快速开始下一题。但是很快，罗克就遇到了一个难题，这道题目比起其他题目稍微复杂一些，题目是这样的：

小明卖布，他规定零售价比批发价高40%，但他发现，由于他所用的米尺不准确，导致他只赚了39%，那么小明卖布时所用米尺的"1米"有多长？（注：此尺只用于卖布，他进货时用的尺是准确的。）

　　罗克咬着笔思考这道题的解法，很快，他就得出了答案，并把解法写了上去。

　　解法：假如小明用每米1元的批发价格买进布，设x是他所用尺上"1米"的实际长度。小明认为他在卖1米长的布时，他实际上卖的是x米，则x米布的批发价为x元，售价为1.4元，所以他赚的利润是$1.4-x$，$1.4-x=0.39x$，可以得出$x=1.0072$。

　　所以，他所用米尺的"1米"比实际长了7.2毫米。

　　罗克正为解出题目开心时，他手中的平板电脑却突然被抢走了。原来是UBIQ，它抱着平板电脑跳上了桌子，还朝罗克做了个鬼脸。

　　罗克站起来，指着UBIQ说："你不是

在做午饭吗？为什么抢我的平板电脑？"

到现在为止，对于UBIQ的反常行为，罗克还没有察觉到有什么问题，只是认为UBIQ在和他开玩笑。

可UBIQ并没有要停下来的意思，不仅没有把平板电脑还给罗克，而且带着它跑到了沙发后面。罗克见状扑过去打算控制住UBIQ，而UBIQ敏捷地跳到他的头顶，顺着他的头跳到了沙发上。罗克这回真生气了，先是故意弄个奇怪的午餐，现在又来抢平板电脑，看来得好好教训一下UBIQ才行。

一阵打闹追逐后，罗克拿回了平板电脑。正当罗克打算教训UBIQ的时候，却发现UBIQ站在那儿一动不动。罗克戳了戳UBIQ，它竟然"砰"的一声倒下

去了。

UBIQ又在开玩笑？罗克推了推它，说："哎，别装了，你骗不了我的！"

但是UBIQ毫无反应，罗克感觉不太对劲，平时UBIQ是不会这样的，难道UBIQ出故障了？

UBIQ是最新高科技机器人，能够自己转化能源，应该不会能源不足。难道是昨天晚上系统更新的缘故？罗克想起昨晚妈妈打电话说要给UBIQ更新系统、修补漏洞，难道是更新出错了？

罗克抱起UBIQ，仔细端详。确实，现在的UBIQ就像一个普通的机器人玩偶，没有一点生命力，恐怕是真的坏了。

设数字（字母）来帮忙

假设法是解决较复杂数学题的重要方法之一，可假设题中两个或几个数量相等，还可假设题中某个数量增加了或减少了，也可假设题中某个未知条件为一个数字或字母，这样的假设并不会影响结果，只会让推测与思考变得更形象和具体。

例 题

小明卖布，他规定零售价比进货价高40%，但他发现，由于他所用的米尺不准确，导致他只赚了39%，那么小明卖布时所用尺的"1米"有多长？（注：此尺只用于卖布，他进货时用的尺是准确的。）

方法点拨

小明卖了多少米布？每米布的进价是多少？题

目中这些条件都是缺失的。而实际上这些条件与答案无关，只是让思考变得更具体。不妨假设小明的进价是"每米1元"，然后列方程。

解：设小明卖布时所用尺的"1米"实际长度是 x 米。假设进货价为"每米1元"，小明在卖"1米"布时，实际上卖的是 x 米，实际售价为1.4元。

$$（1+40\%）×1=（1+39\%）x$$

$$x=1.0072$$

所以，小明卖布时所用尺的"1米"是1.0072米。

牛刀小试

一件衣服先降价10%，再涨价10%，这件衣服是降价了还是涨价了呢？

反复的UBIQ

因为UBIQ出现故障，罗克中午之后就在家修理UBIQ，再没出过门，一直工作到深夜十一点都没停过。罗克把UBIQ摆放在房间的桌子上，自己拿着螺丝刀等工具把

UBIQ翻来覆去地研究。其实，修理UBIQ还有一个简单的办法，就是让远在国外的妈妈回来帮忙。但是，罗克觉得如果告诉妈妈，她肯定会说是因为自己过度使用才导致UBIQ出现故障了。为了避免受责问，罗克打算自己先尝试一下，如果真的没办法，那就只能向妈妈求救了。

说是修，可罗克根本不知道如何下手，UBIQ是精密机器，全身上下找不到一个螺丝孔，无法拆卸。

罗克束手无策，心想要不要问问依依他们。他们是外星人，说不定会修理机器人呢！不过罗克马上打消了这个念头，因为那群人都是一副不太靠谱的样子。

就在罗克发愁的时候，忽然听到窗外有呼噜声传来，他觉得很奇怪，自己窗外怎么会有人打呼噜？罗克走到窗边观望，循着声音传来的方向看过去，终于在草丛里看到一个身影——Milk。

难道这一切又和校长有关？是校长对 UBIQ 动了手脚？罗克仔细回忆，UBIQ 从郊外回来后就变得不正常了，也就是说，UBIQ 很可能是在上午的时候，被动了手脚。

　　罗克开始回忆今天上午发生的事情。

　　今天早晨，罗克带着 UBIQ 到野外游玩，锻炼身体。这里有一座山，山上植物茂密，人烟稀少。他们绕着山跑了两圈，跑累了，就躺在草地上聊天，说起了校园里发生的趣事——因为 UBIQ 系统升级的缘故，所以昨天它没有跟着罗克去学校。

　　罗克对 UBIQ 说："你知道昨天小强为什么迟到吗？"

　　UBIQ 摇摇头。于是罗克开始模仿小强，他耷拉着双眼，把抓来的蜗牛挂在鼻子下面当作鼻涕，用小强的语气说："因为我看到一块牌子，上面写着'学校路段，减速慢行'。"

说完罗克和UBIQ都笑得在草地上打滚，UBIQ永远最懂罗克的笑点，他们俩真的是最好的伙伴。

　　接着罗克和UBIQ玩起了飞盘游戏，这是UBIQ最喜欢的游戏之一。其实就是UBIQ变身成一个飞盘，罗克扔出去后，UBIQ再飞回罗克手里。

　　UBIQ已经准备就绪，罗克手持飞盘，转身弯腰，然后快速旋转身体，右手用力将飞盘甩出。UBIQ变成的飞盘在空中划出一道优美的弧线，然后又飞回到罗克手中。

　　罗克开心地连续扔了四五次，飞盘都没有一点异常，但是第七次的时候，意外发

生了。

罗克将飞盘扔出去后，飞盘没有飞回来，以前从来没有发生过这种情况。于是，罗克顺着UBIQ飞出去的方向寻找，但是并没有找到UBIQ。

这不可能啊！飞盘明明是飞落在这里的呀！罗克一脸不解。而这时，UBIQ突然出现了，罗克以为这只不过是UBIQ故意逗他玩而已，并没有在意，而且在这之后UBIQ没有表现出多大异常。谁知道一回到家，UBIQ就开始不对劲了，不仅表现反常，还直接瘫痪了。

罗克开始仔细分析整件事，他有一种感觉，这一切肯定是有人在幕后操作，难道又是校长在作怪，可他究竟干了些什么？

罗克陷入了沉思，突然，门铃响起。

这么晚了，会是谁呢？罗克透过猫眼什么也没看到，难道有人在恶作剧？

正当罗克转身准备回房间时，门铃又

响了。同样的，罗克透过猫眼还是没有看到人，但是门铃却持续地响着。这究竟是怎么回事，太诡异了。

罗克倏地一下打开门，他要看看到底是谁在按门铃。门打开的那一刻，罗克怎么也没想到，出现在门口的居然是它！

行程问题与单位 "1"

如果把"学校路段，减速慢行"这个提示牌改为"学校路段，速度减半"，我们就可以把原来速度看为单位"1"，减半则为 $\frac{1}{2}$。解行程问题时，我们通常把速度或路程假设为"1"，这样会使抽象问题变得具体形象。

例　题

一辆吉普车从甲县去乙县行驶的速度是40千米/时，回来的速度是60千米/时，求吉普车往返的平均速度是多少。

方法点拨

假设全程为"1"，去的时间就是 $1 \div 40 = \frac{1}{40}$

（注意，不能写单位哦，小朋友们想想是为什么呢？）

返回时间为 $1 \div 60 = \dfrac{1}{60}$

平均速度＝往返路程÷往返总时间

$(1+1) \div \left(\dfrac{1}{40} + \dfrac{1}{60} \right) = 48$（千米/时）

牛刀小试

快递员到某地送快递，如果速度比平常速度提高六分之一，就可以比预定时间早到20分钟；如果按平常速度行进16千米后，再将速度比平常提高三分之一，就可以比预定时间早到30分钟。求快递员的平常速度是多少？

赝品机器人

校长跷着小短腿悠闲地躺在床上，一副春风得意的样子。什么事情让他这么高兴呢？原来是Milk现在不在身边，难得清静；而且UBIQ此时正在床边给校长扇风——现在UBIQ是属于他的了。

事情还得从今天早上说起，一大早Milk就边吃高热量饼干边看电视，正当Milk愉快地享受生活的时候，一个意想不到的人出现在他面前，居然是UBIQ！

Milk吓得跳了起来，他准备逃跑，但是被UBIQ捉住，UBIQ将他甩向空中，他转

了好几个圈后，又被扔在地上摔了个四脚
朝天。

这时校长慢悠悠地走过来，得意地看着
Milk。虽然不知道校长在笑什么，但是Milk
知道情况不妙，连忙开口说："校长，敌人
都杀上门了，你还有心思笑？"

校长倒是不慌不忙，亲切地拉过
UBIQ，这让Milk非常不解，校长这是投敌
了，还是UBIQ叛变了？

还没等Milk想明白，校长就开口介绍
道："这是我的最新作品，是我观察研究

UBIQ后，研发的新一代机器人！"

Milk总算明白了，原来这是假的UBIQ，但是外表和真的简直一模一样。Milk拿出放大镜仔细观察这个假UBIQ，最后只在脚上发现了校长的标志，其他地方看不出一丝不同。

"校长，你的设计真丑。"

"闭嘴！"

"这么说，这个也是UBIQ了？"

校长眼珠一转，是啊，还没起名字呢，于是当场想了个名字，缓缓说道："别胡说，这孩子叫QIBU。"

"QIBU？"Milk想不出取这名字的意义，追问道："为什么叫QIBU？为什么不叫QBUI，或者BUIQ啊？"

校长被Milk的连环

"为什么"问得一阵头大，他指着Milk，吼道："够了，我说它叫QIBU就叫QIBU，哪有这么多为什么！"

Milk还是不明白，校长制造一个这样的机器人有什么目的？难道是看到罗克有，自己没有，嫉妒了？太小孩子气了吧！

校长解释说："等一会你就知道它有什么用了！总之肯定比你这个只会吃东西，还整天问为什么的家伙有用！"

Milk不服气，他说自己是外星人，肯定比机器人厉害，至少有一样肯定比QIBU厉害。

校长问："是什么？"

Milk答："数学！"

校长一脸不屑，因为他早已经摸清楚了这家伙的数学功底，也就中等水平而已。

看校长不相信自己，Milk倔强地说："不信？那我出一道题，你看它能不能答出来。"

"那你试试啊！"校长虽然没测试过QIBU的数学能力，但是应该不会差吧，毕竟这是身为数学博士的他研发出来的。

于是，Milk给出了题目：烧1根均匀的绳，从头烧到尾总共需要1个小时；两头同时烧的话，只需要30分钟。现在有若干条材质相同的绳子，请问用烧绳的方法如何计时1小时15分钟呢？

听完题目，校长觉得这肯定难不倒QIBU，于是催促说："QIBU快点算啊，这么简单的题目！"

QIBU屏幕先出现"问号"，然后闪过灯泡，表示自己已经想到办法了。校长对此很满意，但是QIBU只是拿来一根绳子，还将校长绑了起来，然后示意任务完成。

Milk在一旁看着哈哈大笑说："哈哈哈……校长，这家伙好像完全不会做数学题啊！"

校长感到非常没面子，他挣脱绳子说："你懂什么，我是故意这么设计的，用来干扰罗克答题再好不过了！"

校长冷静下来，拍了拍QIBU，转身对Milk说："QIBU答不出来，我来答。"

"为什么？这样是作弊。"

"少啰唆，听好了！"校长给出解题方法，"只要用3根绳子就行，因为烧1根绳子需要1个小时，两头同时烧，则只需要30分钟，所以同时点燃A、B两根绳子，A绳子正常烧，B绳子两头烧。当B绳子一烧完，即花了30分钟，这时把剩下一半的A绳子的另一头也点燃，那么A绳子烧完时，只需要花15分钟，即A、B两根绳子烧完后一共花了45分钟。A绳子一烧完，随即点燃C绳的两端，则同样需要花30分钟烧完，那么累计烧完

A、B、C这3根绳子的时间，刚好是1小时15分钟。"

Milk很吃惊，这可是他珍藏已久的题目，没想到被校长轻易答出来了。Milk用崇拜的眼神看着校长，说："校长你真厉害！"

校长毫不谦虚，一副理所应当的样子。只是Milk到现在还不明白，校长研发出QIBU究竟要做什么。

"跟我来你就知道了。"

校长带着Milk和QIBU前往郊区，因为他得到消息，今天上午罗克将带着UBIQ去那里锻炼。

真是一个难得的好机会！

烧绳计时

烧绳计时问题是经典的数学智力题，这类题目有两个重要前提：一是不能用剪短绳子等其他方式，二是单位时间内燃烧绳子的长度相同。这类问题的难度在于思考出：怎样的燃烧方式，才能使看似不可能的结果成立呢？用罗克的话说：灵活的策略往往不走寻常路。

例 题

烧1根均匀的绳，从头烧到尾总共需要1个小时；两头同时烧的话，只需要30分钟。现在有若干条材质相同的绳子，请问如何用烧绳的方法计时1小时15分钟呢？

方法点拨

用烧绳的方法计1小时和30分钟是很容易的，麻烦的是如何计15分钟。想一想：两头烧完半条绳子刚好15分钟，不能用剪刀那怎样得到半条绳子呢？

如下图：C为AB中点，同时点燃绳1和绳2，绳1两头烧，绳2从A端一头烧，绳1烧完计时30分钟，此时绳2还剩一半如图CB，剩下的CB两头烧完计时15分钟。

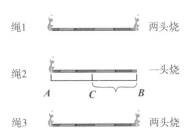

绳1 　　　　　　　　　　两头烧

绳2 　　　　　　　　　　一头烧

　　A　　C　　B

绳3 　　　　　　　　　　两头烧

结合以上操作方式，得数学等式：

1时15分＝30分＋15分＋30分

所以，再拿一条绳子两头烧完又计时30分钟，灵活运用好3根绳子刚好达到题目的要求。

牛刀小试

有1克、2克、4克和8克的砝码各1个，其中丢了1个砝码，发现用现有的砝码（砝码不能与物品在天平的同一端），无法称出12克和7克的物体，请问丢的那个砝码是几克的？

UBIQ叛变?

校长和Milk一来到郊外，便听到了罗克欢快的笑声。校长冷笑，心想：罗克啊罗克，现在你就高兴吧，马上你就笑不出来了！

Milk一脸疑惑地问校长："我们该怎么做呢？难道是过去一起玩吗？"

校长思考了一番，说："我们先躲起来，然后找机会把UBIQ和QIBU调包！"

怎么调包？正当Milk想着是偷偷过去掳走UBIQ，还是引诱UBIQ过来的时候，一个飞盘突然掉到两人面前。校长吓了一跳，他以为是老鼠，看清楚是飞盘后才松了一口

气。刹那间，飞盘变成了UBIQ的样子，原来这是UBIQ！

校长、Milk、UBIQ三人面面相觑，UBIQ觉得情况不妙，扭头就跑，打算去找罗克，谁知校长拿出早已准备好的麻袋一扑，将UBIQ套进了麻袋里。这是特制的麻袋，UBIQ怎么挣扎也无济于事。

校长将麻袋扔给Milk，然后命令QIBU出去假冒UBIQ。果然，罗克上当了，他根本不知道UBIQ已经被调包，现在在他身边的是校长派去的QIBU。

校长和Milk悄悄跟着罗克，一路跟到他家，然后在他家附近找了块隐蔽的草丛躲了

起来。校长随后安装好操控台，这是控制QIBU的遥控器。

Milk顿时玩心大起，这不就是遥控玩具吗？Milk连忙向校长要遥控器，兴奋地说："校长，让我来，让我来！"

校长想了想：这么简单的任务，交给Milk应该没问题！于是给Milk让了个位置，自己站了起来，说："那监视的任务就交给你了，我先回去调教一下UBIQ，让它成为我的UBIQ！"

Milk高兴地点头，表示一定没问题。校长再三叮嘱说："一定不能离开超过300米的距离，不能打瞌睡，连上厕所都不行！"说完，他提着装有UBIQ的麻袋准备离开，走了两步又回头提醒Milk说："千万不能露出马脚！"Milk保证说这次绝对万无一失，校长这才放心。但当校长准备转身离开的时候，Milk却突然叫住了他。

校长不耐烦地回头看着Milk，只见Milk

扭扭捏捏，支支吾吾地说："校长，其实我打算去沙漠冒险，但是有一个问题想要请教你。"

校长瞪着Milk说："有什么问题回去再问，现在最重要的是盯紧罗克和QIBU。"

Milk用手指戳着脑袋说："可是如果我想不到答案，我就会一直想，这样肯定会分神的，我一分神……"

校长连忙伸手示意Milk打住，无奈地叹了口气，说："行了行了，你快说。"

受宠若惊的Milk连忙说出了自己一直没解出的问题：Milk打算单枪匹马徒步横穿一片沙漠，全程100千米，途中每20千米处有一个歇息的落脚点（20千米正是Milk在一天中所能步行的最长距离）。Milk只能随身携带3天口粮，他可以把粮食储存在那些落脚点，而且只能储存在那。那么Milk穿越沙漠需要多少天？

校长一听生气地跳了起来，一巴掌拍在

Milk肚子上，恶狠狠地说："冒什么险！给我好好对付罗克他们！"

Milk一阵心虚，低头不说话。校长在气愤过后慢慢冷静下来，决定还是帮助Milk，他思考了一会儿，给出了答案。

途中一共四个落脚点，分别设为A、B、C、D。从第1天到第8天，Milk需要在出发点与A之间走4个来回，且每次走到落脚点A处都留下1天的口粮。

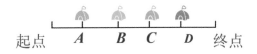

起点　*A*　*B*　*C*　*D*　终点

第9天，他又走到A处，随身带来的口粮还可供2天食用，加上A处的存粮，共可维持6天。

第10天和第11天，他需要在A与B之间走一个来回，并在B处留下1天的口粮。第12天，他到达B处时带来余下的2天口粮，从而使携带的口粮可以维持3天。利用这些口粮，他可以在3天后到达目的地。

总而言之，Milk需要15天来横穿沙漠。

听完校长的计算，Milk心中想了想：15天？自己哪有这么多钱和时间？还是不去冒险了。

给Milk解完题后，校长便马不停蹄地跑回实验室。他将UBIQ关进一个特制的匣子里，匣子被电流包围，UBIQ只要踏出一步就会被电击。校长得意地看着UBIQ说："哈哈，想不到会有这一天吧！"

UBIQ发出愤怒的"嘟嘟嘟"的声音，但是校长根本不理会，只是掏出了一块芯片。

校长看着手中的芯片说："放心，只要我将这块芯片中的程序植入你的系统里，你很快就会忘记罗克，成为我的QIBU 2号，全心全意为我服务。这可是我花了大量的时间才在你的系统中找到的BUG（漏洞），利用这个BUG，我就可以轻而易举地控制你，你怕不怕？哈哈哈！"

说完校长将芯片插进了UBIQ的接口，UBIQ顿时像被电击了一般，整个身子直挺挺地倒下。等到UBIQ再次站起来的时候，已经变得像没有灵魂一般，甚至还朝校长鞠了个躬。

难道UBIQ被校长控制了？真的变成了QIBU 2号？

往返储粮穿越沙漠

像储粮过沙漠这样的问题，往往设定了一个故事情境，有一些规定。这类问题通常不需要复杂的计算，但需要严密的逻辑和思维，兼顾全局，需要经历很多次往返才能顺利解决问题，可以用示意图和表格厘清其中的变化。

例 题

Milk打算单枪匹马地徒步横穿一片沙漠。全程100千米，途中每20千米处有一个歇息的落脚点（20千米正是Milk在一天中所能步行的最长距离）。Milk只能随身携带3天的口粮，他可以把粮食储存在那些落脚点，而且只能储存在那。那么Milk穿越沙漠需要多少天？

这道题的关键点是要准备足够的粮食，同时每天只能带有限的粮食，所以他只能在相邻两个点之间来回行动，带好粮食，并将多余的粮食储存起来。在保证储存的粮食够用的情况下，再用这种方法复制到下一个点，并最终到达目的地。所以理解好每天只能随身携带3天的口粮是解题的关键。

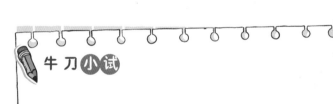

牛刀小试

农夫要带一头狼、一只羊、一棵白菜坐小船从河的东边到对岸去，只有农夫能撑船，过河一次需要5分钟，每次只能带一样东西。当农夫在的时候，它们三个相安无事，一旦农夫离开，狼会吃羊，羊会吃白菜，问：一共需要多少时间农夫才能安全将它们三个带过河？

保姆机器人UBIQ

等校长完成对UBIQ的改造，已经是晚上十一点。他对今天所发生的一切非常满意，一切都在他的掌控之中。

校长慵懒地躺在床上说："UBIQ，给我讲故事吧！我要听数学博士统治世界的故事！"

正在给校长扇风的UBIQ表示自己不会。校长顿时面露不悦，但他不想因为这点小事破坏今天的好心情。

于是，校长让UBIQ讲数学博士荒岛历险记的故事。这是校长的一段传奇往事，想

当年他在数学荒岛坏事干尽，无恶不作，臭名远扬……

UBIQ随即摇头表示自己也不会讲这个故事。校长这回有些生气了，他质问道："那你会什么？"UBIQ表示自己会讲校长和乌龟赛跑的故事。

"什么！？"校长气得从床上跳了起来，低哑地吼道，"我为什么要跟乌龟赛跑？"但是转念一想，这个故事或许还不错呢？校长甚至有点期待自己跑赢乌龟的那一刻呢！于是他又躺回床上，说："那好吧！我勉强听听。"

UBIQ的屏幕上开始显示故事内容：乌龟和校长的头像从屏幕左边起跑，冲向屏幕右边的终点。刚开始，校长头像一直处于领先位置。校长看到这战况，眉开眼笑，美滋滋地趴在床上，期待看到自己冲线时的英姿。但是很快，乌龟头像超过了校长头像，校长的脸色瞬间暗沉，笑容也凝固了。直到

最后，校长头像也没有反超，乌龟就这样赢得了比赛。

校长很是抓狂，恨不得跳起来揍UBIQ一顿，他感觉这家伙是故意的，但是一想，现在UBIQ已经是自己的了，怎么可能会故意嘲笑自己呢？而且要是打坏了，最后吃亏的还是自己。想明白这一点，校长只好又躺下生闷气。

突然，房间里传来"吱吱"的叫声，校长感到疑惑，这是什么声音？UBIQ分析声音后得出结论：这是老鼠。

"哦，老鼠。"校长恍然大悟的样子。忽然间他反应过来，吓得差点从床上掉下去。

　　"什么，老鼠？我最怕老鼠了！UBIQ你快把老鼠赶走！不对！你不许离开我半步！"校长紧紧抱着枕头瑟瑟发抖，直到老鼠的声音没有了，才平静下来。

　　"UBIQ，你给我唱首安眠曲吧！"校长重新躺下准备睡觉。

　　只见UBIQ发出充满磁性的电子音，身体随着节奏摇摆，校长在这声音中逐渐耷拉下眼皮，不到五秒钟，就发出了呼噜声。

　　UBIQ用手戳了戳校长的肚子，又捏了捏校长那角一样的头发，确认校长睡着后，悄悄走到门边，开门出去了。

龟兔赛跑——行程问题

大家熟悉的龟兔赛跑的故事隐含数学中的行程问题。这类问题主要考虑路程、时间、速度之间的关系：

速度×时间=路程

路程÷速度=时间

路程÷时间=速度

例 题

丽丽要从甲广场到乙广场去，原计划骑自行车去，后改为前半段乘巴士、后半段步行，已知巴士速度是自行车的两倍，步行速度是自行车的一半，自行车的速度是每小时10千米，丽丽从甲地到乙地用的时间比原计划多还是少呢？

这一题中路程未知，设路程为S千米。

巴士速度：$10 \times 2 = 20$（千米/时）

步行速度：$10 \div 2 = 5$（千米/时）

原计划时间：$S \div 10 = \dfrac{S}{10}$

实际时间：$\dfrac{S}{2} \div 20 + \dfrac{S}{2} \div 5 = \dfrac{S}{40} + \dfrac{S}{10}$

丽丽实际用的时间比原计划多。

牛刀小试

甲、乙两人在1000米的环形跑道上，从同一起点相同方向同时出发。甲每分钟跑150米，乙每分钟跑100米，两人都是每跑200米停下来休息1分钟。请问甲第一次追上乙需要多长时间？

再次对决

今天是愿望之码出题的日子，校长早已做好了准备。罗克失去了UBIQ的帮忙，绝对赢不了，校长对此充满自信。

一大早，校长就准备赶往广场等待愿望之码出题。他看了眼在椅子上睡着的UBIQ，心想：还是不带它去了，被发现就不好玩了。于是，他匆匆吃完早饭，穿好衣服就出了门。而此时Milk带着能控制QIBU的遥控器赶去和校长会合。

校长看Milk精神得很，没有一点因熬夜而疲惫的样子，于是他盯着Milk的眼睛问：

"你昨晚没有偷懒吧？"

Milk心想：要是昨晚监控时自己呼呼大睡的事被校长知道了，他肯定会不让我吃晚饭的。于是，Milk装作一副什么事都没发生的样子，跟校长打着马虎眼。

校长很怀疑，他紧紧盯着Milk的眼睛，想看看他到底有没有说谎。Milk被盯得浑身冒汗，差点就要露馅儿，刚好这时，罗克、依依、小强、花花也来到了广场。

校长的注意力瞬间转移到罗克一行人身上，他看着罗克身边的UBIQ，悄悄对Milk说道："等会儿你控制'QIBU'，扰乱罗克答题。"说完，校长示意Milk找个地方躲起来，毕竟破坏性操作要是被看到了，那可

不太好！于是Milk屁颠屁颠地抱着遥控器走到一旁。

花花边走边撕着手中的花瓣，说："让我来预测一下这次谁能答出愿望之码的题目……"

依依信心满满地说："放心，只要有罗克和UBIQ，校长肯定赢不了我们！"

罗克拍了拍自己和旁边的UBIQ，笃定地说："没问题，一切包在我们身上！"

校长看着罗克等人满脸笑容，不禁冷笑一声，"笑吧，等你们知道真相，看你们还怎么笑得出来！"

"铛"，整点的钟声响起，愿望之码如期出现，飘浮在广场上空。只要抢先答对愿望之码所出的题目，就可以实现一个愿望。

"又到了愿望之码出题时间！"

罗克与校长的愿望之码答题争夺赛再次展开！

逆境反转

愿望之码飘浮在空中，很快题目就被投射出来：

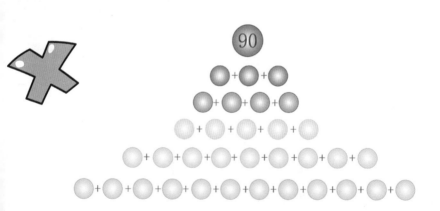

请看这个等腰三角形状的图，图中有许

多小圆圈，最上面一个圆圈中填写着90，下面每行的小圆圈之间都用加号连接，现要求每一行的圆圈中填写连续自然数，使每一行各数之和都等于90。

听完题目，小强就开始抓耳挠腮，"好难啊，老师没教过啊，这要怎么做？"

花花倒是不慌，她脸上充满自信，随手就拿起花开始撕花瓣："不要怕，看我的！能做对，不能做对，能做对，不能做对……"

依依看着这两人，知道肯定指望不上，自己心中默默思考了一下，发现也不知道该怎么填，看来还是只能寄希望于罗克和UBIQ了。依依瞄了眼校长，发现他好像没在算题，反而一脸坏笑，他又在打什么坏主意？

校长确实在打坏主意，他要用QIBU来扰乱罗克。只见校长给Milk发了个信号，示意他开始行动。Milk收到信号，打开遥控，

开始指示QIBU去扰乱罗克。

此时的罗克正在思考着愿望之码的题目，身边的UBIQ突然跳起来踢了他膝盖一脚，他顿时抱着膝盖跳了起来。

"哎哟！痛，痛，痛！UBIQ你干什么啊？"罗克看着UBIQ，不明白它为什么要踢自己，而UBIQ则做出鬼脸戏弄罗克。

罗克非常生气，准备好好地教训UBIQ，UBIQ见状拔腿就跑。罗克一边追一边喊着："你给我站住，今天我要给你一点颜色看看！"

依依等人看得一头雾水，不知道罗克和UBIQ究竟怎么了。就在他们疑惑时，UBIQ冲向了小强，一脚踩着小强的头顶踏过去，这一踏使小强整个人往后摔了个四脚朝天。

"UBIQ，你给我站住！"罗克从后面追上来。但是UBIQ速度奇快，就像脚底抹了油一样，且喷泉广场地形复杂，UBIQ一会从水池边跳过，一会又直奔下楼梯，罗克根本追不上。

　　只能找人帮忙了，罗克便朝依依他们三人大喊："快帮忙捉住UBIQ啊！"他们虽然不知道发生了什么，但听到罗克的喊声，几人开始行动起来。

　　依依掏出自己的抹布，冲到UBIQ面前，说："UBIQ，你看这是什么？"依依旋转着手里的抹布。平时只要使出这招，不管是罗克还是UBIQ都会乖乖听话。但是今天不一样，只见UBIQ纵身一跃抢过依依手中的抹布，接着随手就朝依依扔去，抹布径直地盖在了依依脸上。

　　这还没完，UBIQ转身朝花花冲过去，花花吓得愣在原地，眼看UBIQ冲过来，她害怕地捂住双眼，大喊："你别过来！"但是，UBIQ根本不听，猛地冲向花花，将她撞得滴溜溜地旋转了几个圈，最后晕乎乎地倒在地上。

　　校长看到现场一片混乱，内心十分欣

喜，这正是他想要的结果，他冷哼一声，说："几个小屁孩还想跟我斗！"而此时，Milk正拿着遥控器玩得不亦乐乎，校长见状也心里痒痒的，他连忙凑到Milk身旁说："让我也玩玩！"

Milk玩得正开心，不愿意把遥控器让给校长，他一边操作着遥控器，一边说："等会儿，我还没玩够呢！"校长一听，顿时火大，立刻伸手去抢遥控器。

"给我，我说给我！"校长拼尽吃奶的力气，但Milk毫不示弱，两人抢得不可开交，突然"啪"的一声，遥控器断裂成了两半。两人看了看手里各自拿的一半遥控器，愣住了。

而此时，UBIQ没有被操控，停了下来并被罗克捉住了。校长缓过神来，想出了答案，他心想：这次赢定了，罗克根本没时间去想答案，没有UBIQ的帮助，他不可能像以前那么顺利。

于是校长昂首挺胸走到愿望之码前，咳嗽两声，准备说出答案。

"答案是这个！"还没等校长开口，罗克竟然冲过去，抢在校长之前给出了答案。

$$90$$

$$29 + 30 + 31$$

$$21 + 22 + 23 + 24$$

$$16 + 17 + 18 + 19 + 20$$

$$6 + 7 + 8 + 9 + 10 + 11 + 12 + 13 + 14$$

$$2 + 3 + 4 + 5 + 6 + 7 + 8 + 9 + 10 + 11 + 12 + 13$$

先填第一排的3个圆圈，只需做一次除法，90÷3=30，就可以很快填进3个连续自然数，29+30+31=90。同理，第二排的4个圆圈，即用90÷4=22.5，那么4个连续自然数为21、22、23、24。按照这种方法，就可以很快把各个圆圈缺的数字全部填出来。

校长目瞪口呆，他不相信罗克居然能抢

在他前面答出来。不仅他不相信，就是依依他们也觉得难以置信。

"不可能！你刚刚不是在追UBIQ吗？为什么能把题做出来？"校长很难接受这个事实，本以为自己势在必得，没想到却被逆境之下的罗克逆转了。看到罗克脸上自信的笑容，校长更是气得颤抖，他感觉自己被愚弄了。

罗克正了正头上的帽子，和身边的UBIQ击了个掌，说："我知道校长你有很多疑问，就让我来告诉你真相吧！"

逆推填数

填图形或算式中的数字，常用推理的方法，可用到加法、减法、乘法运算。这类问题能培养我们的观察能力和分析能力，学会找到图形和数字之间的联系和规律。

例 题

90

○ + ○ + ○

○ + ○ + ○ + ○

○ + ○ + ○ + ○ + ○

○ + ○ + ○ + ○ + ○ + ○ + ○

○ + ○ + ○ + ○ + ○ + ○ + ○ + ○ + ○

题目已知每一行各数和都等于90，要求各个加

数的题目。方法是先用除法算出平均数（或者列出有余数的除法算式）再逆推逐步确定每个圆圈的数

所以答案为：

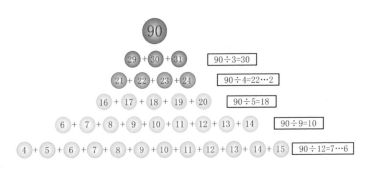

牛刀小试

　　在右图的空格中填入七个自然数，使得每一行、每一列及每一条对角线上的三个数之和都等于90。

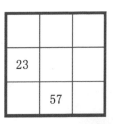

真相大白

"真相？"校长冷笑一声，恶狠狠地说，"真相就是一切都在我的计划中，UBIQ也好，扰乱你答题也罢！为什么？为什么结果是这样？"

罗克抱起身旁的UBIQ，将它举在头顶，笑嘻嘻地说道："你是想说，你把假的UBIQ安排在了我身边吧？但你仔细看看，这是假的UBIQ吗？"

校长眯着双眼，仔细观察，这个UBIQ好像真的没有他的标志。校长一脸不可置信的表情，说："怎么可能，你手上的UBIQ怎么

55

可能是真的……"

"校长，你在说什么呢？这就是UBIQ，全世界独一无二的UBIQ！"罗克说完，将UBIQ放

下。UBIQ做了个后空翻，屏幕上的眼睛眯成弯弯的弧线，任谁都可以感受到它的得意。

这恐怕真的是UBIQ，因为校长知道自己制造的QIBU是不会自主做出这样的表情的。但这到底是怎么回事？校长心想：UBIQ不是被我控制了吗？他又是什么时候回到罗克身边的？

一旁的依依他们，根本不知道发生了什么，校长和罗克的对话把他们搞糊涂了。小强迷迷糊糊地问道："什么真假UBIQ啊？罗克，这到底是怎么回事？"

"事情是这样的……"罗克讲起昨天所发生的事情。

原来昨天晚上十一点左右，UBIQ趁校长睡着后偷偷从校长室溜了出去，那个大半夜敲罗克家门的人正是UBIQ。当时罗克看到两个UBIQ，不由得大吃一惊，但是在真正的UBIQ指手画脚"哔哔哔"地控诉了一通之后，他总算是明白了校长的阴谋。而躲在外面的Milk的出现，很好地证实了这一点。

于是，罗克决定将计就计，和UBIQ演一出戏。当晚，罗克和UBIQ悄悄地将QIBU放回了校长家。而此时校长早已入睡，根本不知道发生了什么。

罗克和UBIQ回家后发现Milk还在呼呼大睡。于是，UBIQ趁机在遥控器装上感应装置，这样它就能够感知遥控器上发射出的指令。只要UBIQ照着指令演，校长就看不出破绽，以为自己的计划一直在实行着。

事实证明，UBIQ的演技简直炉火纯青，不仅骗过了校长和依依他们，就连罗克也惊叹不已，他从来不知道，UBIQ的演技

居然这么厉害。

一切真相大白，校长气到脸都绿了。计划了这么久，最后居然是自己被耍了，校长怒视Milk，伸出小短腿踢他，说："看你干的好事！让你别偷懒，让你别睡觉！"Milk委屈地挨着打，一直默默后退。突然，校长想起一件事，他指着UBIQ说道："不对啊，我明明利用漏洞控制了UBIQ啊！"

罗克指着UBIQ的屏幕说道："真不巧，UBIQ前天才刚更新过系统，我想正好把漏洞补上了吧！"

依依恍然大悟，想到刚刚UBIQ用抹布扔自己脸，顿时火气上来了，一把抓住罗克，掏出抹布，说："好啊，连我们都骗，看我不擦你脸！"

就在这时，愿望之码的声音传来："回答正确者——罗克，请说出你的愿望。"

依依暂时放开了罗克，好奇他会许什么愿望。罗克想了想，狡黠地看着校长。这一看，看得校长背脊发寒，他感觉不妙，转身就想溜走。

"我想要一个能控制校长的遥控器。"罗克大声许下愿望，下一秒，一个精致的遥控器出现在他手中。校长见状吓得拔腿就跑，他知道要是被罗克控制，自己说不定会做出什么丢人的事，这要是传到学校去，那就太没面子了。

罗克看着校长逃跑的背影，露出坏坏的笑容："让你也感受一下被控制的滋味！"

罗克按下遥控器的操控按钮，校长瞬间停下脚步，并且开始跳起舞来，一会儿是踢踏舞，一会儿是拉丁舞，一会儿又是街舞。标准的舞姿令Milk不禁感叹道："没想到校长跳舞这么棒！我也要跳！"

Milk的舞蹈动作滑稽，跳着跳着还会自己把自己绊倒，引得大家捧腹大笑。

这次校长又彻底输了啊！

假设推理辨真伪

判断真假UBIQ需要细心观察，推理。数学中的逻辑推理问题同样也需要我们有清晰的头脑。常见的逻辑推理问题有：是非型逻辑推理和真假型逻辑推理。解这类问题常用假设法，假设某个条件成立，然后看是否和其他条件矛盾，然后根据条件反推，问题就迎刃而解了。

例　题

张先生、李先生、王先生三人职业不同，其中一人当了教师。一次，有人问起他们的职业，李先生说：我是教师；王先生说：我是律师；张先生说：李先生说的是假话。如果这三人中，只有一个人说的是真话，那么，谁才是真正的教师呢？

先假设，再根据假设的情况去推理，判断推理出的结果是否与题干相矛盾，找到条件不符合的矛盾，排查。假设李先生是教师——李先生和王先生两人说的是真话（×）；

假设王先生是教师——李先生和王先生两人说的是假话，张先生说的是真话（√）；

假设张先生是教师——王先生和张先生两人说的是真话（×）。

牛刀小试

一位法官对涉嫌偷窃的四人进行了审问。

甲说：罪犯在乙、丙、丁之中。

乙说：我没有偷，是丙偷的。

丙说：在甲和丁中有一人是罪犯。

丁说：乙说的是事实。

经调查，四人中两人说了真话，两人说了假话，请你做一名智慧公正的法官，找出真正的罪犯。

食堂风波

午饭时光

自从校长跳舞的视频传遍整个学校后，他就再也没在学生面前出现过。据说校长收到了专业老年歌舞团的邀请，但是他不承认自己是老年人，于是便到处躲藏。

这天课间休息时，罗克所在班级的同学们三三两两聚在一起，聊天、玩耍，分享新鲜事。

以罗克为首，依依、花花、小强在列，班上的大胃王小胖为核心的"午饭时光组合"，开始讨论午饭吃什么。

小胖的消息最为灵通，今天他带来了

一个最新消息：学校食堂换了负责人，据说是一个很抠门的老婆婆。小胖忧心忡忡地说道："万一她偷偷减少我的饭量怎么办？"

大家都没有说话，因为他们心里都知道，饭是免费加的，不可能不够，但是小胖的话……罗克四人瞥了他一眼，这家伙腰圆得跟个大水桶似的，食堂可能会被他吃穷。

罗克想起了今天的午餐安排，如果没记错的话，是薯条汉堡。真是奇怪，为什么学校会安排这种高热量的食物呢？

花花却满不在乎，她插着手撇撇嘴说道："你们放心，只要有我在，新来的负责人肯定不敢乱来。"

小强惊讶地问道："为什么？"

花花闻了闻手上的花，昂起头面带微笑地说："因为我是公主啊！走到哪儿都应该得到宠爱，而且我爸爸还在学校当保安呢！"

面对花花的莫名自信，依依总是毫不

客气地拆台。这次也不例外，她"噗嗤"一声笑了出来，看着花花那张自豪的脸，说："花花，这里是地球，不是数学荒岛，没人会把你当回事的！"

花花折断手中的花，龇牙怒视依依，就像一只生气的小猫咪。如果人会炸毛，那花花全身的毛肯定都会竖起来。作为一位公主，她最受不了的就是别人不把她当一回事。"战争"一触即发，知道事情严重性的小强，躲在了罗克身后，不敢出声。

罗克赶紧将两人拉开，再这样下去，她们恐怕会在教室里大打出手。为了让花花和依依转移注意力，罗克再次提起午饭的事，说："我们猜一猜，今天的午饭会不会和之前不一样呢？"

小胖此时已经吃起了自带的零食，一边吃一边说："不管是不是一样，只要现在吃多点，一会儿就不怕挨饿！"

小胖还没吃两口，上课铃就响了。老师

一进门就看到小胖还在吃零食，就把他的零食全部没收了。小胖见零食没了，伤心得哇哇大哭。

"我都说过多少遍了，不许在教室吃东西！"老师拿着收缴上来的零食对大家说教了好一会儿，还罚小胖在作业本上写一百遍"我再也不在教室里吃零食了"。

经过这段小插曲，45分钟一节课很快就过去了。铃声响起，上午的课全部结束了，到了午饭时间，同学们三三两两结伴前往食堂。

早饭喝粥还是喝牛奶?

　　早餐喝粥还是喝牛奶呢？老人们从传统的角度说喝粥安养五脏有温养脾胃之功，医学专家认为从谷物类主要提供大量淀粉，粥和牛奶相比蛋白质含量偏低。一时间大家争论不休，校长的意见是：要想吃得好，还得靠搭配。

例　题

　　花花今年快10岁了，她只会做最简单的早餐：水煮鸡蛋+粥+牛奶。有天早餐她用50克的大米煮了碗粥吃，又用50克学生奶粉泡了杯牛奶喝，还吃了一个约重50克的鸡蛋。请问她今天早餐的营养达标吗？

> 　　10岁左右的儿童从每顿午餐中获取的热量应不低于1600千焦，蛋白质不低于20克，碳水化合物不低于63克。

每100克大米主要营养成分	
名称	含量
热量	1448千焦
碳水化合物	77.9克
蛋白质	7.4克
水分	13.3克
其他	略

每100克学生奶粉主要营养成分	
名称	含量
热量	1932千焦
碳水化合物	55.9克
蛋白质	17.5克
其他	略

每100克鸡蛋主要营养成分	
名称	含量
热量	144千焦
碳水化合物	2.8克
蛋白质	13.3克
其他	略

方法点拨

分别计算出花花早餐中的热量含量、碳水化合物含量和蛋白质含量。如下表：

名称	粥	牛奶	鸡蛋	合计
热量	724千焦	966千焦	72千焦	1762千焦
碳水化合物	38.95克	27.95克	1.4克	68.3克
蛋白质	3.7克	8.75克	6.65克	19.1克

　　对比校长的标准，热量和碳水化合物都达标，但蛋白质的摄入少了点。

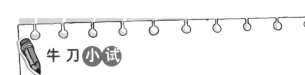

牛刀小试

　　如果花花的早餐把一碗米粥换成用50克的面条煮一碗汤面，那能达到校长定的营养标准吗？

每100克面条主要营养成分	
名称	含量
热量	1352千焦
碳水化合物	75.9克
蛋白质	10.4克
其他	略

饭菜涨价是为了大家好

食堂坐落在校园东侧，蜿蜒的石子路如一条银蛇，穿过四周的绿树，连接着教学楼和食堂。

平时中午的食堂都是人山人海，但今天有些异常，来吃饭的学生少了很多，没有了以往的热闹。罗克一行人来到食堂，看到这景象，有些吃惊，小强耸着脖子环视四周说："怎么这么少人啊？"

带着疑问，他们来到了点餐台前。没想到小胖说的老婆婆居然是个老熟人——街角卖热狗的糖果婆婆。

话说糖果婆婆好不容易在地球开了家小店，打算用荒岛的特色热狗来赚点小钱，却没想到她的热狗并不受欢迎，小孩子们觉得这种五颜六色的热狗不好吃，所以她没赚到什么钱，小店也倒闭了。糖果婆婆意识到这样下去根本不是办法，迟早她会饿死的呀！就在糖果婆婆发愁的时候，躲避老年歌舞团的校长正好路过，两人一对眼，就发现对方也不是什么好东西。于是两人一拍即合，校长将她请到学校，让她当起了食堂负责人。

新的食堂负责人居然是糖果婆婆，大家顿时明白食堂为什么这么少人了。花花不以为然，一边闻着花一边自信地说："没事的，糖果婆婆说到底也是数学荒岛的居民，肯定会给我这个公主一个面子！"

花花神气十足地走到糖果婆婆面前，昂头说道："把食堂所有的菜式都给我来一份。"

糖果婆婆瞬间眉
开眼笑，搓着手笑
嘻嘻地说："哎
呀，不愧是我们的
公主，真是豪气呀！
你等会，我先算算多少钱。"

"什么？你还要向我收钱？"

"吃饭当然要给钱啊，这是常识。"

花花不满地嘟囔了一声，随后从口袋
里掏出一枚金闪闪的硬币，将它抛给糖果婆
婆，说："我有的是钱，多的不用找了！"
糖果婆婆接过硬币一看，硬币上面有个傻笑
的国王头像——这是一枚荒岛币。

糖果婆婆看了看，嫌弃地将其丢进垃圾
桶，不屑地说："花花，这里是地球，你那
些钱早就没用了。"

"哼！荒岛人也不收荒岛币！"花花
泪花涌动，她强忍着不让眼泪流出，跑回依
依身边生闷气。而此时，小胖早已点好了

午餐，端着满满一盘汉堡和薯条走了过来，说："你们慢慢吵，我先吃了。"他随意找了个位置坐下，开始大口吃起来。花花盯着小胖说道："难怪这么胖！"

罗克觉得现在应该先填饱肚子再说，但是他走上前一看，发现菜牌上原本的价格统统被画了条删除线，旁边写上了新的价格——比原来翻了一倍。

罗克大概明白了今天食堂人少的原因。

依依叉着腰怒斥道："全都翻倍？太黑心了吧！这种价格谁吃得起啊？糖果婆婆你

简直太过分了！”

　　糖果婆婆挖着耳朵，一副无所谓的样子，“吃不起，就别吃呀，再说了，食堂涨价也是为了你们好，让你们少吃点，难道你们想变成那样吗？”糖果婆婆说着，指了指小胖。吃得正香的小胖听到又有人说他胖，他忍无可忍，愤怒地站起来大喊道：“我忍很久了！太过分了，我要回去告诉我爸爸！”说完，小胖端着盘子就往门外跑去。

分段计费

日常生活中，计算水费、电费、电话费、出租车费时常用到分段计费。如果食堂按饭菜重量分段涨价，结果会怎样呢？

例 题

每一种饭菜50克及以内，按原价；50克以上至100克（含100克）的，按原价的1.5倍收费；100克以上的按原价的2倍收费。那么，怎样买饭菜更合理？

方法点拨

可以采取多种类少分量买饭菜的方法，即每种饭菜不超过50克，这样就相当于没涨价，且营养均衡，分量也不会太多。

某城区出租车计费标准如下表：

路程	费用
不超过3千米	起步价12元
3千米到8千米	2.6元/千米
8千米以上	3.5元/千米

问：（1）王叔叔坐出租车到22.5千米的乡下，他应付多少元？

（2）小红有50元，她离家15千米，她坐出租车回家钱够吗？

76

涨价是要有理由的

对于食堂饭菜涨价,学生都表示难以接受,所以来食堂吃饭的学生也越来越少。

糖果婆婆对此嘀咕道:"贵吗?我觉得还好啊!"因为按照之前的定价,赚得实在太少了,于是糖果婆婆就和校长商量,把价格翻一倍。这样虽然会导致吃饭的学生减少,但是可以减少工作量,而且能赚到同样多的钱。

"你觉得不贵?"依依一听糖果婆婆的话,不乐意了,决定好好给她算算这笔账,"涨价前,最便宜的肉菜和素菜,一份分别

是3元和2元；最贵的肉菜和素菜，一份分别是5元和3元。现在饭菜涨价一倍，按照每人一荤一素的饭菜搭配，每顿饭我们得花多少钱呢？"

面对依依的质问，糖果婆婆一时哑口无言，她不会算数，于是随手拿了杯果汁喝了起来，以掩饰尴尬。她挥挥手无力地辩解道："哎呀，其实也没涨多少啦，你们不知道，最近食材涨价，所以食堂定价肯定也会涨啊。"

依依的抹布在手指旋转，她生气地说："那你倒是算算啊！是不敢，还是不会？"

面对怒火中烧的依依，糖果婆婆只能表示自己数学差，不会算。罗克听完，顿时有些同情糖果婆婆，于是耐心地解释给糖果婆婆听：因为涨价前，一荤一素，最便宜和最贵的搭配分别是3+2=5（元）和5+3=8（元）；涨价后，每样菜都涨了一倍的价格，所以一荤一素，最便宜和最贵的搭配分别变成了10

78

元和16元。由此得出，如果每顿饭点一荤一素两样菜，我们至少要多花10-5=5（元），最多要多花16-8=8（元）。

"贵这么多，哪有钱吃饭啊！"小强掰着手指算，又掏出口袋里的几枚硬币数了数，然后一声叹息。花花也偷偷摸了摸口袋，眼神突然有些慌乱，但是她很快装作无所谓的样子，说："不管涨多少，对我来说都是小意思。"

依依一步步逼近糖果婆婆，整个人都快趴在点餐台上，怒视着她说："一定要给我

们一个合理的解释！" 糖果婆婆被吓得往后退了两步。

依依的话引起了在场学生的共鸣，他们纷纷站起来要求糖果婆婆给出合理的解释，不然就不再来食堂吃饭。糖果婆婆看到这情形，心想不妙，这样下去自己又要亏本了。

情况一发不可收拾，糖果婆婆决定先撤。她慌忙逃出已经乱成一锅粥的食堂。但是，学生们的抗议并没有停止，声音也越来越响亮。糖果婆婆不知如何是好，涨价的理由……她总不能说是自己想赚钱吧？

看来只能去找校长了，她相信，那个坏老头肯定有办法解决。

算算食堂涨价多少?

世界上没有免费的午餐,但会精打细算的人总能想办法花最少的钱吃到实惠又符合搭配原则的午餐。

例 题

涨价前,最便宜的肉菜和素菜,一份分别是3元和2元;最贵的肉菜和素菜,一份分别是5元和3元。现食堂统一将饭菜价格涨了一倍,按照每人一荤一素的饭菜搭配,每顿饭学生得多花多少钱呢? (选择的饭菜搭配不变)

方法点拨

每顿饭按一荤一素搭配,有很多种情况,解题只需算清楚最贵的和最便宜的搭配,其他差价都是在这两个数之间的范围内浮动。

涨价前，一荤一素，最便宜的搭配是3+2=5（元），最贵的搭配是5+3=8（元）。涨价后，每样菜都涨了一倍的价格，所以一荤一素，最便宜的搭配就变成了10元，最贵的搭配则变成16元。由此得出，一顿饭点一荤一素两样菜，学生至少要多花10-5=5（元），最多要多花16-8=8（元）。

牛刀小试

　　罗克的想法对吗？通过计算其他搭配方式，看看涨价是否有低于5元和高于8元的搭配？试一试。

会飞的老婆婆
与她的糖果

　　糖果婆婆从食堂匆忙逃出后，越想越气愤：我行走江湖多年，什么大风大浪没见过，今天居然在几个小屁孩手里翻了船。糖果婆婆决心报仇，为此她要去找她的靠山。

　　这座靠山就是校长。

　　此时的校长正悠闲地在自己的办公室坐着，左手端着一杯浓茶，右手拿着一本《老年歌舞舞步大全》，看得津津有味。每当校长看到一个新的舞步，就会放下杯子，合上书，拍手叫好，看到精彩之处还会站起来模

仿一段。校长是如此热爱舞蹈，可他就是抹不开面子——他觉得自己不应该去老年歌舞团，而应该去青年街舞队。

校长正用心钻研舞步的时候，忽然脚下传来了"咯吱咯吱"的声音，他不用看也知道这是什么声音，于是他直接转过身继续看自己的书。躺在校长脚下吃薯片的Milk见校长不理自己，又从地上爬起来，绕到他面前，掏出几个薯片，"咯吱咯吱"地啃起来。

校长不耐烦地瞥了Milk一眼，说道："Milk，你吃东西能不能不要像只老鼠一样？"说完，校长又低头看起书。Milk见状一把将校长的书抢了过去，一口吞进肚子里。

"Milk！你到底想干吗？"校长气得跳了起来，差点把桌上的茶杯打翻。

Milk双手抱胸，神色有些不满，"哼，整天就知道看书，肯定是忘记帮我修飞船的事了。"

校长顿时一阵心虚，他最近沉迷于研

究老年舞步，的确忘记这件事了。但是他知道此时绝不能让Milk知道自己忘了，于是他咳嗽两声，装作一副胸有成竹的样子，说："我怎么可能忘记呢，只是飞船不是靠普通的办法就能修好的，所以我一直在试图寻找办法，而寻找办法最好的方式就是看书！"

跟校长相处这么久了，Milk早已看透了校长，他知道校长的这句话连标点符号都不能信。就在这时，窗户突然传来了"咚咚咚"的声音。

"校长，好像有人在敲窗？"

"这里可是五楼！怎么可能会有人敲窗！"校长走到窗口一看，竟然还真有人在敲窗，是一个长相不怎么好看的老婆婆。

校长略感惊讶，他打开窗户把窗外飘着的糖果婆婆拉了进来，但是她好像无法着地。校长不知道她居然还有这种能力，但是作为一个见过世面的人，校长表现得很镇定。

"你来做什么？"校长问。

糖果婆婆飞得气喘吁吁，一边比画一边回答说："食堂！罗克！涨价！情况不妙！"

聪明的校长眼睛一转就知道是怎么回事了，八成是罗克那群小兔崽子又捣乱了，要知道食堂涨价，他这个校长可是能分到一份利润的。

这时Milk指着电视大喊："你们看，罗克带着奇怪的人出现在了学校外面！"

　　原来罗克正跟记者说起食堂的事，他愤怒却不失理智地控诉道："我们食堂是出了名的小气，每次打饭都只给一点点肉，还经常会有虫子之类的异物掉进菜里，这些我们都能忍，因为便宜。但是，现在学校居然在饭菜品质没有改善的情况下，足足把价钱翻了一倍，这分明是压榨我们学生的钱！"

　　校长一听猛拍桌子，咬牙切齿地说："这个罗克，简直一派胡言，我们食堂哪有那么不堪！"

　　"那怎么没见你去食堂吃过。"Milk一说出口，就被校长瞪了一眼，只能乖乖躲到

一旁啃薯片。

　　还在天花板下飘着的糖果婆婆紧张地看着校长，说："校长，你可得想想办法啊，我可是把我全部身家投进那个食堂了。要是倒闭了，我就要流落街头了！"

　　校长陷入沉思，舆论是可怕的"武器"，一不小心，学校就会遭受极大的损失，自己也会受到牵连。但他并不打算就此整改，给学生一个交代。

　　校长抬头看着糖果婆婆说："事到如今，先死不承认，等瞒不住了再道歉。反正只要道歉，然后再装模作样整改一下，他们就会以为我们已经悔过了，等过几天没人关注这件事的时候，该收那么多还是那么多。"

　　"校长，你果然聪明过人啊！这一来我们就可以轻松度过危机了。"糖果婆婆投来佩服的目光。

　　校长得意地昂起头说："不足挂齿，说

起来，你是怎么能够飞起来的？"

糖果婆婆从口袋里掏出一颗糖，解释道："因为我有从数学荒岛带来的飞天糖，这是我糖果家族的宝贝，极其稀少，吃了就能飘起来，但缺点是只要不到时间就会一直飞。"

校长一听，眼睛顿时亮了起来，一个坏主意在他心中悄然产生。

符合要求的数

分类枚举是将答案合理分类，并将每一个符合分类的对象例举出来，从中找到题目的答案。比起对所有情况进行直接枚举，分类枚举更清晰、简便。

例 题

由5、6、7、8，这4个数字能组成多少个各位数字按严格递增（如"56""578"）顺序排列的数？

方法点拨

题目给的数字只有4个，数目不大可以直接分类枚举，分为两位数、三位数、四位数三种情况，共有6+4+1=11（个）。

两位数有6个：56、57、58、67、68、78；

三位数有4个：567、568、578、678；

四位数有一个：5678。

由2、4、6、8、9可以组成
多少个各位数字按严格递减（如
"986""9842"）顺序排列的数？

特别的道歉

食堂涨价事件闹得沸沸扬扬，学校一时间被推上了风口浪尖。为了平息此事，校长把全校学生集合在操场，学生们一个个交头接耳，讨论着食堂的事，他们希望这次校长能给大家一个交代，让食堂饭菜恢复原价，或许还能提高一下伙食质量。

校长举手示意大家安静，清了清嗓子开口说道："大家都静一静，听我说！"学生们逐渐安静了下来。

校长继续说道："我知道大家对食堂饭菜涨价有意见，我作为一个把学生放在第一位的校长，肯定会听取大家的意见，大家放心！"

校长话音刚落，"恢复原价""提高伙食质量""加肉加饭"等声音就陆续从学生中传出。校长心里一阵不爽，心想：你们以为食堂是慈善组织啊？干脆免费给你们吃得了。但是表面上，校长还是露出和蔼的笑容说："大家放心，你们的意见，学校都会落实的。我们学校一向以学生为重。"

校长的话让大家振奋起来，最为兴奋的是依依、小强、花花和小胖。对于来自荒岛的三人来说，价格减了，就能省下点钱买自己喜欢的东西，比如零食、橡皮筋等。因为他们实在没什么钱，每个人都省吃俭用。而对小胖来说，就可以多买点吃的，不用担心饿肚子了。

校长再次示意大家安静，指着糖果婆婆，大声喊道："为了给大家道歉，糖果婆婆特意把她的宝贝分享给大家。"

这次轮到罗克兴奋了，"难道是要给我们飞天糖？"

糖果婆婆扭扭捏捏，非常不情愿。校长眼神凌厉地瞪着糖果婆婆小声呵斥道："小心我把你从学校赶出去！"

迫于校长的威吓，糖果婆婆只好交出了口袋里的飞天糖，校长把飞天糖朝学生们一撒，"大家吃下飞天糖，愉快地飞上天玩耍去吧！"

很多学生拿到糖果后并不知道这是干什么的，倒是罗克第一个吃了进去。

刚吃下去，罗克就不由自主地飘了起来。第一次体验飞的感觉，罗克激动得话都说不利索了："飞……飞起来了？"

"哟嚯！飞了飞了！哈哈哈，大家快飞上来玩啊！"罗克飞上云端，躺在软绵绵的云彩上，他感觉这云比棉花糖还软，味道比青草还香。

看到罗克玩得这么开心，同学们纷纷吃下飞天糖，一个个也都飞了上去。但是小强却不敢吃，他抱住依依，浑身发抖，说："依……依，我们……不飞，行……不行，太高了……我怕……"

花花看着小强这副模样，不禁觉得好笑，她拽着小强说："你太胆小了，有本公主在，怕什么，快跟我来！"可小强依然死死抱住依依不放。依依用力推都推不开，她恼怒地看着小强说："花花说得没错，确实没危险，快给我吃下去！"依依将飞天糖强行塞进小强嘴里，三人很快就飘了起来。

"啊！救命啊！好高啊！我要摔死了！"小强在空中拼命大叫，他闭着眼，眼泪鼻涕都流出来了，但是没人理他。他意识到叫也没有用，于是勉强睁开了眼睛，发现自己飘在云彩上了，虽然高，但是好像不会掉下去。小强试探着摸了一下云，他发现这云就像家里的大床一样软，又像橡皮球一样有弹性。于是他试着跳到云里，这一跳，小强仿佛回到了数学荒岛那座软绵绵的棉花糖山。

每个学生脸上都挂着灿烂的笑容，他们穿梭在云彩中，互相嬉戏，追逐打闹，童真的笑声点缀了天空。明媚的阳光、艳蓝的天

空从此留在了这些学生的记忆中——在地面上，人们是看不到这样的蓝天的，因为会有云、雾和烟等挡住人们的视线，就算偶尔能看到蓝天，那也仿佛笼罩着一层薄纱。

Milk呆呆地看着天空中嬉戏的学生，忘记了手中的零食，他转头看着校长说："校长，我也想飞。"糖果婆婆听到后，赶紧捂着口袋悄悄溜走。

校长毫不留情地拒绝了Milk："飞什么飞，我们趁现在赶紧去广场答题，愿望之码出题时间快到了！"

中大奖

罗克想，要是能中个大奖，那我肯定也能飞起来呢。

同学们，你知道吗，彩票中奖要纳税的哦，荒岛国也不例外。

荒岛国中奖纳税规定如下：

（1）1万元以下不用纳税；

（2）1万元至10万元纳税20%；

（3）10万元以上纳税50%。

花花有一天中了1万元，可她有点郁闷，因为她发现她实际所得与中奖不到1万元的罗克一样多。你知道为什么吗？

98

按照规定，花花1万元缴纳20%的税后实际只得8000元，罗克中8000元但不需要缴税，两人一样多。

牛刀小试

碰巧，校长和国王也中奖了，已知校长的中奖金额没有超过10万元，而国王的超过了10万元，他们两个的中奖金额都是整数，神奇的是他们两个税后所得也是一样的，你知道他们分别是多少吗？

无法降落

罗克曾经无数次幻想着自己飞上天空，在云彩上翻腾跳跃，和小伙伴们在云巅之上玩丢沙包游戏，今天这一切都实现了。然而开心之余，罗克内心却感到一阵不安，毕竟让大家这么开心地玩不符合校长一贯的风格。

在空中玩丢沙包的罗克突然停了下来，这举动让大家感到有些诧异，连忙询问罗克怎么了，罗克只是摇摇头，或许是自己想多了。

随着时间慢慢流逝，罗克的不安越来越强烈，肯定有问题！罗克连忙朝地面上看去，发现校长他们不在！罗克目光从正下方一直扫到远方的地平线，又在空中环顾一圈，竟然都没有看到校长。

"有点不对劲，我下去看看！"罗克说着就往地面飞去。但是这时候，罗克感受到一股巨大的阻力，就像是一只无形的大手在推着他，让他无法靠近地面。

罗克使出浑身力气俯冲，结果瞬间被弹回空中。他又尝试了游泳的姿势，试图游回地面，然而还是没有成功。

看到罗克着急的样子，依依连忙过来询问。

罗克摇摇头说："飞不下去了！我怀疑，校长是故意让我们飞上天的。"

罗克的话让小强想起了今天是愿望之码出题的日子，他连忙看了看手表，显示11:50。小强急忙说："原来快12点了，愿望之码马上就要出题了吧？"

罗克沉思了一会，缓缓说道："原来

如此，难怪校长选择这个时候出来道歉，他是借此哄骗我们吃下飞天糖。我猜吃了这飞天糖不到时间是无法降落的，校长利用这一点，让我们错过愿望之码的出题时间，这样他就有充足的时间来答题，必胜无疑了。"

经过罗克的分析，依依等人恍然大悟。花花立即掏出花撕了起来，说："能下去，不能下去，能下去，不能下去……"

依依生气地说："撕撕撕！撕花瓣能让我们下去吗？"

花花瞪了眼依依，气嘟嘟地说："哼，我是公主，我想怎么做关你什么事！"接着继续撕自己的花瓣。

眼看两人要继续吵下去，罗克连忙站出来拦住她们，并表示当务之急是赶往广场，至于能不能降落，可以去到那再想办法。罗克的话平息了一场争吵，几人朝着广场的方向飞去。

此时，校长和Milk已经来到了广场，看着喷泉上青蛙嘴里的愿望之码，校长露出得意的神色："哈哈哈，这次我赢定了！"

游戏公平吗？

校长耍手段使罗克无法正常参加答题，违反了竞争的公平性。而在游戏规则设置时要考虑公平原则，即双方赢的概率一致。

明明和丽丽玩掷骰子（一种六个面分别有1～6的数字的正方体）游戏，游戏规则是：将两个骰子同时抛出，朝上的两个面上的数字之和为7，则明明赢；若和为8，则丽丽赢。这个游戏公平吗？如果不公平，应如何更改游戏规则。

方法点拨

这个游戏不公平，明明赢的可能性大。因为掷出和是7时，1～6的六个面都可以，即：1+6，6+1，2+5，5+2，3+4，4+3，共6种可能；掷出和

104

是8时，2～6五个面可以，即：2+6，6+2，3+5，5+3，4+4，只有5种可能。若将游戏规则改为：掷出和为5明明赢，掷出和为9丽丽赢，则双方获胜的概率一样大。

一副扑克牌有54张，华华和丽丽两人轮流拿牌，每人每次只能拿1～4张，谁拿到最后一张牌就算输。华华说他先拿，这样玩游戏对两人公平吗？

飞翔的时候不能做数学题!

校长和Milk一同来到广场。校长嫌Milk一路上叽叽喳喳的太吵,一气之下关掉了Milk的语言翻译器,将Milk禁言了。

校长看着旁边想说话又说不出来的Milk,不禁偷笑,他掏出遥控器一按按钮,Milk又可以说话了。

"校长,你为什……"Milk话没说完,校长又按下静音按钮,他立即又变回了哑巴。校长哈哈大笑,似乎很享受这种感觉,"你说什么?"校长说完又按下按钮。

"……么，要骗……"

"……骗小孩……"

Milk好不容易断断续续地说完了一句话，而校长似乎还要按下静音键，Milk连忙抱着校长求饶，说："校长，别这样！我知道错了，我知道错了。"

校长冷哼了一声收起遥控器说："看你还有没有这么多为什么！"

Milk偷偷嘀咕："为什么不能有为什么？"刚说完，Milk看到校长又要将自己禁

言了，连忙改口夸校长说："哎呀，校长，你今天看起来格外帅气呢！头发整齐，秃的地方还闪闪发亮，好羡慕！"

校长听后，美美地捋了捋鬓发，这才决定放过Milk。他将遥控器收起来，指着喷泉说："别废话了，我们赶紧上去，愿望之码马上出题了！"

校长和Milk一起跑上台阶，来到愿望之码面前，此时愿望之码已经闪闪发光，只等准点一到，就会开始出题。

就在这时，校长隐隐约约听到空中有声音传来，他抬头一看，原来是罗克他们。罗克指着校长大喊："校长，你的计划被我识穿了！"

校长背着手，不屑地看着罗克，说："哼，你们来了又能怎样？落不了地，无法靠近广场，就没资格答题。"

Milk在一旁直夸校长聪明，他一边给校长捶肩膀，一边谄媚地说："姜还是老的辣，那群小屁孩怎么可能是校长的对手呢。"校长虽然听到"老"字有点不自在，但对Milk的奉承总体还是感到满意的，不光满意，整个人都要飘起来了。

"没办法，作为一名坏人，我就是这么优秀。"

"不过校长，你不会连我也骗吧，比如不给我修飞船？"

校长突然心虚，额头冒出几滴冷汗，但是他很快镇定下来，语重心长地说："Milk，我们可是同伴，同伴之间是没有谎言的。"这话果然让Milk感到安心，连捶肩膀的力度都拿捏得更加到位。

钟声准时响起，愿望之码闪着光芒，徐徐上升。

眼看愿望之码就要出题了，罗克等人还飘在空中，无法下落，心里十分着急。

"这下怎么办？"依依着急地看着罗克，希望他能想出什么办法。花花则背过身

去，眼不见心不烦，因为她觉得，自己身为公主都没办法，更别提其他人了。小强就更加靠不住了。

校长满脸得意地说："你们就看着我答题吧，这样你们还能顺便学习，提高数学成绩哦！"

面对校长的挑衅，罗克表现得很镇定，他时不时望向远处，好像一直在等待着什么。

"罗克！我们来了！"一个洪亮的声音从广场入口处传来，罗克大喜，心想：终于来了！

几何计数

在几何图形中，有许多有趣的计数问题，如计算线段的条数以及满足某种条件的三角形的个数，等等。处理这类问题还是有方法和规律的。

数一数下图中有多少个三角形？

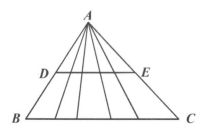

方法点拨

数三角形与数线段的方法有共同之处，且方法是多样的。这里我们可以先数好线段，如BC这条线段上共有15条线段，每条线段的两个端点与点*A*相连，就可构成一个三角形，所以对应的就有15个三角形。同样点*A*与*DE*线段上的15条线段两个端点相连也有15个三角形，所以图中共有15×2=30（个）三角形。

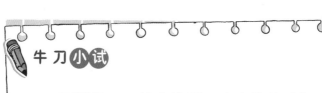

　　下图是5×5的方格纸，小方格为边长1厘米的正方形，图中共有_____个正方形，所有这些正方形的面积之和为_____。

小学一年级的数学题

匆匆赶来的救兵，正是身材魁梧的国王，他手持一捆长绳，身后还跟着UBIQ。

"是爸爸！"花花见国王赶来，喜出望外，一脸骄傲地说，"你们看，我爸爸多聪明，知道我们需要帮助，还带了绳子过来！"

国王听到花花的夸赞，得意扬扬地说："那当然，我可是伟大的数学荒岛国王！没有什么是我不知道的！"说完，他心虚地摸了摸脑袋，心中嘀咕，"虽然这次是UBIQ

过来找我帮忙的……"

眼看愿望之码就要出题，罗克催促国王快把他们拉下来。国王立即将绳子挂在UBIQ身上，UBIQ套着绳子飞向天空，将绳子递给了罗克他们。

国王捉着绳子另一端，朝天空大喊："抓稳了！"便开始将绳子往下拉，罗克几人慢慢从天空降落。校长见状，急忙回头朝Milk大吼："快去阻止国王！"

但是已经来不及了，罗克等人已经被稳稳地拉了下来，进入了答题区域。事已

至此，校长只好咬牙装作无所谓的样子，说："哼，就算你们能下来答题，也一定赢不了我！"

罗克帅气地摆了摆帽子，指着校长说："那就试试看！"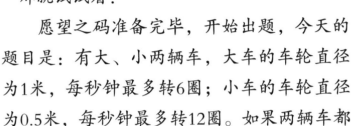

愿望之码准备完毕，开始出题，今天的题目是：有大、小两辆车，大车的车轮直径为1米，每秒钟最多转6圈；小车的车轮直径为0.5米，每秒钟最多转12圈。如果两辆车都以最快速度行驶，那么哪辆车速度比较快？

校长听完题目后哈哈大笑，面带讥讽地说："如此简单的常识题，我甚至不用算就已经知道答案了，愿望之码出题的质量真是越来越低了。"

见校长胸有成竹的样子，大家都有些担心，再看罗克，他还在低头思考，明显还在计算。此情此景，让支持罗克的人惊出一身冷汗。要是罗克输了，校长指不定会说出什么损人的愿望来整他们。

"罗克加油啊！"依依心中默念。

花花撕的最后一片花瓣是"校长赢"，她愤而将花甩在地上，说："不可能！一定是罗克赢！"

小强依旧对罗克充满信心，坚定地说："罗克不会输的！"

国王拉着绳子，忍不住吞了口唾沫，紧张的气氛让他浑身不舒服，但是他知道这次只能赢不能输。

校长不屑地看了罗克一眼，扭头对愿望之码说："太简单了，轮子大转一圈就走更远，当然是大车速度快！"说完，校长昂首挺胸准备接受Milk的奉承。

Milk却没有像往常一样讲出一堆溢美之词，而是皱着眉头说："校长，我怎么感觉……你的说法有问题呢？"

校长顿时勃然大怒，吼道："胡说！我怎么会错，不信你听愿望之码怎么说！"

"回答错误！"愿望之码的回复给了

校长沉重一击。他并不相信自己的答案是错的，"错误？愿望之码，你不会连简单的小学一年级数学题都不会做吧？不会的话我教你啊！"校长大喊大叫。

"你就是错的！"罗克打断了校长的话，众人的目光一下聚焦在罗克身上。

校长仍然不相信自己的答案是错的，这么简单的常识题，他怎么会答错？他一直认为，当别人的答案跟自己不一样时，错的都是别人。

罗克看着校长说："那就让我来告诉你答案吧！"

"小车1秒钟所跑的路程是12乘以小车车轮的周长，即12×π×小车车轮直径=12×π×0.5= 6π≈18.84（米）。和小车一样，大车1秒钟所跑的路程为6×π×1=6π≈18.84（米）。所以两车的速度是一样的！"

"回答正确！"愿望之码肯定了罗克的

答案。

听完罗克的解题过程，校长当场愣住了，他明白确实是自己大意了，这么简单的题目怎么就不算一算呢？随便一算都不可能出错啊！校长怪自己过于自信，被常识束缚，以为大轮子一定跑得快，但是忘了转动的速度，这是非常严重的失误。

就在校长懊恼的时候，Milk过来拍了拍校长的肩膀，说："校长，原来是你不会做小学一年级的数学题目啊。"校长又气又恼，不知如何反驳，只能用力跺了跺脚。

愿望之码提示罗克说出自己的愿望，他陷入沉思，该许个什么愿望呢？罗克想了想今天的经历，又看了看校长，突然想到了点子。

于是对愿望之码说出自己的愿望："我希望，校长飞到天上又掉下半空，如此反复，直到我说停为止！"

校长顿时吓得脸色苍白，这还不得把他

的老骨头都拆了！而Milk却是一脸兴奋的样子，连忙捉住校长，说："校长校长！带上我！这么好玩的事情，一定要带上我！"

校长恨不得将Milk摁进地里埋起来，他怒吼道："Milk，你真是猪一样的队友！"

话刚说完，校长和Milk就蹿上天空，然后掉下来，在脸离地半米的时候，又蹿上去，再掉下来，好像蹦极一样。校长的惨叫声和Milk兴奋的喊声交织在一起，不停地在广场上空回荡。

罗克趁机向校长喊道："你答不答应让食堂降价？"校长被折腾得头晕目眩，一心只想回到地面，于是连连答应。"饭菜质量要不要提高？""提高提高！"罗克哈哈大笑，这才喊停。

大小·车轮

不要认为轮子大就跑得快，还要看转得快不快，车轮的速度=车轮的转速×轮胎的周长。

例 题

有大、小两辆车，大车的车轮直径为1米，每秒钟最多转6圈；小车的车轮直径为0.5米，每秒钟最多转12圈。如果两辆车都以最快速度行驶，那么哪辆车速度比较快？

方法点拨

小车1秒钟所跑的路程是12乘以小车车轮的周长，等于12×π×小车车轮直径=12×π×0.5=6π≈18.84（米）。和小车一样，大车1秒钟所跑的路程是$6 \times \pi \times 1 = 6\pi \approx 18.84$（米）。所以两车的速度是一样的！

牛刀小试

　　花花骑自行车去学校，她的自行车的车轮直径为50厘米，前齿轮有32个齿。后齿轮有16个齿，她蹬了400圈刚好到学校，问花花家离学校多远？

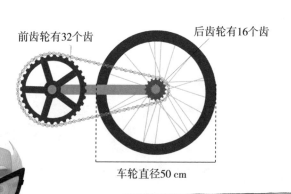

前齿轮有32个齿　　　　后齿轮有16个齿

车轮直径50 cm

各自的生活

距上次愿望之码出题已经过去了三天，学校又恢复了以往的秩序，食堂饭菜调回原来的价格，而且饭菜质量还稍微有些提高。而糖果婆婆依旧是食堂的负责人，但是经过之前的事，她已经低调了许多。

因为上上下下蹿了100多次，校长的骨头都快散架了，全身缠满了纱布，跟个木乃伊似的。Milk倒是生龙活虎，还找了一双很大的弹簧鞋，每天穿着上下乱蹿，又不用被校长管束，日子过得非常潇洒。

国王继续干着学校保安的工作，每天认真巡查，最大的收获是偷学了一些数学知识。他时常会在闲暇的时候拿出试题，自己偷偷地做，做对了就照镜子夸一下自己，做错了就照镜子鼓励一下自己。

加、减、乘、除四人每天的工作就是烧水做饭，帮助国王巡视学校，有时还会做一些捉老鼠、找猫咪之类的工作赚些零花钱，日子过得还算舒坦。

花花每天都要因为上学的事发小脾气，她不明白，为什么身为公主，还要这样为难自己。但是发完牢骚后，她还是会乖乖地背上书包去上学。书包里除了书本之外，当然还放了好些花给自己撕。

小强最近越来越胆小了，总觉得有人在盯着他，不敢乱吃东西，怕吃到像飞天糖这样奇怪的东西。他每天都跟着依依，跟着她上学，跟着她吃饭，就连上厕所也想跟着，胆小的毛病算是更加严重了。

　　依依每天都很忙，除了学习之外，她还要照顾花花和小强两人，毕竟他们两个都比较不理智。不过这两天她好像喜欢上了舞蹈，闲暇时就练练舞。

　　罗克倒没什么特别的，只是他害怕UBIQ有一天会真的坏掉，因此特地给妈妈打了电话，问有没有保质期什么的。在得到UBIQ肯定不会坏的回答后，罗克总算是彻底放下心来。他照常带着UBIQ上学、放学，走到哪儿都带着UBIQ。

几天平淡的日子转眼就过去了，校长已经拆掉了纱布。他看着窗外正在和野猫斗气的Milk，唉声叹气了好一会儿。但是他立马又打起精神来，他是不会认输的，一个更加可怕的计划已经在他心中悄悄酝酿。

"一半陷阱"

行程问题中涉及"一半时间""一半路程"时，要仔细审题，注意路程、时间、速度三要素。

例 题

花花在400米环形跑道上跑了一圈，她前一半时间每秒跑5米，后一半时间每秒跑3米，问她后一半路程跑了多少秒？

方法点拨

避开陷阱的方法：分析题目中每一个行程状态对应的路程、速度、时间，准确判断"此一半非彼一半"。

花花的平均速度为：（5+3）÷2=4（米/秒）

全程所花时间：400÷4=100（秒）

后一半时间所走路程为：50×3=150（米）

后一半路程还有（200−150）米是按照每秒5米的速度跑的。

（200−150）÷5=10（秒）

后一半路程用的时间是：50+10=60（秒）

建 议

学习了分数后，这样的问题也可以改编，比如改为"花花在400米环形跑道上跑了一圈，她前面四分之一时间每秒跑5米，后面四分之三时间每秒跑3米，则她后面四分之三路程跑了多少秒？"

牛刀小试

小希在540米长的环形跑道上跑步，他跑了一圈，已知他前一半时间每秒钟跑5米，后一半时间每秒钟跑4米，那么他后一半路程跑了多少秒？

真假 UBIQ

● 1. UBIQ坏了？

【荒岛课堂】设数字（字母）来帮忙

【答案提示】

假设这件衣服原价100元，降价10%后为90元，然后在90元的基础上涨价10%，涨了9元，涨价后为99元，所以相比原来的100元是降价了。

● 2. 反复的UBIQ

【荒岛课堂】行程问题与单位"1"

【答案提示】

把平常速度看作"速度1"，把预定时间看作"时间1"，把路程看作"路程1"。

即用比平常快 $\frac{1}{6}$ 的速度走完全程，所需时间为：

$$1 \div \left(1 + \frac{1}{6}\right) = \frac{6}{7}$$

求出预定时间：$20 \div \left(1 - \frac{6}{7}\right) = 140$（分）

因为行进16千米是按平常速度，不影响后面路程所需时间，因此可以将剩余路程也看作"路程1"，剩余路程所用时间为：

$$1 \div \left(1 + \frac{1}{3}\right) = \frac{3}{4}$$

$$30 \div \left(1 - \frac{3}{4}\right) = 120$$（分）

平常速度$16 \div (140 - 120) = 0.8$（千米/分）。

● 3.赝品机器人

【荒岛课堂】烧绳计时

【答案提示】

12克和7克的物体都不能称出来，$1 + 2 + 4 = 7$（克），$8 + 4 = 12$（克），因此，丢失的砝码是4克的。

4. UBIQ叛变？

【荒岛课堂】往返储粮穿越沙漠

【答案提示】

第几趟	船上	东边	对岸
1	农夫和羊过河	狼、白菜	
2	农夫回来	狼、白菜	羊
3	农夫和狼过河	白菜	羊
4	农夫把羊带回来	白菜	狼
5	农夫带白菜过河	羊	狼
6	农夫回来	羊	狼、白菜
7	农夫带羊过河		狼、白菜

$7 \times 5 = 35$（分），农夫需要35分钟才能安全将狼、羊、白菜都带过河。

5. 保姆机器人UBIQ

【荒岛课堂】龟兔赛跑——行程问题

【答案提示】

先不考虑中途休息，环形跑道追及问题中第一次追上的路程差为1000米，所以甲比乙多休息5次，$1000 \div 200 = 5$（次）

多休息5次的时间内，乙行的路程是：
5×100=500（米）

所以甲追乙的路程为：1000+500=1500（米）

甲追乙（不休息）所花费的时间：1500÷
（150−100）=30（分）

甲行30分钟内需要休息的次数：30×150÷
200=22（次）……100（米）

所以甲第一次追上乙需要的时间：30+22=52
（分）。

● 7. 逆境反转

【荒岛课堂】逆推填数

【答案提示】

每一行、每一列以及两条对角线上的三个数之
和都相等，这样填好的图称为三阶幻方，本题三个
数的和为90，首先确定中心数为90÷3=30；再确定
四个角的数，根据三阶幻方的性质：2×角格数=非
相邻的两个边格数的和，即可得右上角格的数字为
（23+57）÷2=40（见左下图），由此其他数依次

可填（见右下图）。

		40
23	30	
	57	

47	3	40
23	30	37
20	57	13

8. 真相大白

【荒岛课堂】假设推理辨真伪

【答案提示】

罪犯是乙和丁。

食堂风波

1. 午饭时光

【荒岛课堂】早饭喝粥还是喝牛奶？

【答案提示】

能达到。过程参考例题（略）。

● 2. 饭菜涨价是为了大家好

【荒岛课堂】分段计费

【答案提示】

（1）75.75元；

（2）够。

● 3. 涨价是要有理由的

【荒岛课堂】算算食堂涨价多少？

【答案提示】

涨价没有低于5元的，也没有高于8元的。除了最便宜的肉+最便宜的菜、最贵的肉+最贵的菜这两种搭配还有：

便宜肉+贵菜涨价钱数：（3×2+3×2）－（3+3）=6（元）；

贵肉+便宜菜涨价钱数：（5×2+2×2）－（5+2）=7（元）。

● 4. 会飞的老婆婆与她的糖果

【荒岛课堂】数字的排列组合

【答案提示】

分为两位数、三位数、四位数、五位数这四种情况，一共有10+10+5+1=26（个）。

5. 特别的道歉

【荒岛课堂】中大奖

【答案提示】

校长中了10万元，国王中了16万元，他们实际所得都是8万元。

6. 无法降落

【荒岛课堂】游戏公平吗？

【答案提示】

不公平。

将54张牌分别按1～54编号，然后用倒推的思维来分析这个游戏。要想获胜，就要使桌子上最后刚好剩下一张牌，也就是赢的人确保自己最后可以拿走第53号，因为一次可以拿1～4张，因此再往前推要确保拿到48号，向前以此类推，53、48、43……3，只有先拿到3号，就掌握了赢的主动权

了，华华先拿，他可以先拿到3号，所以这样的游戏不公平。

7. 飞翔的时候不能做数学题！

【荒岛课堂】几何计数

【答案提示】

共有55个正方形，面积和为259平方厘米。

按面积分类，面积为1、4、9、16、25平方厘米的正方形分别有25、16、9、4、1个，共有55个小正方形，所有小正方形的面积和为259平方厘米。

8. 小学一年级的数学题

【荒岛课堂】大小车轮

【答案提示】

花花家离学校1256米。

解这道题的关键是理解自行车的前齿轮、后齿轮和车轮的转动关系。前齿轮与后齿轮通过链条连接，前齿轮：后齿轮=2：1，因此人蹬1圈，车轮转2圈。

花花蹬了400圈，那么车轮转了800圈。车轮直径

为50cm，总路程=车轮周长×车轮转动圈数，

即$S = \pi d \times$圈数$=3.14 \times 50 \times 800$

$$=1256（米）$$

9.各自的生活

【荒岛课堂】"一半陷阱"

【答案提示】

一半路程为：$540 \div 2 = 270$（米）

一半时间为：$540 \div (4+5) = 60$（秒）

后一半时间跑了：$4 \times 60 = 240$（米）

$(270-240) \div 5 = 6$（秒）

$6+60 = 66$（秒）

所以小希后一半路程跑66秒。

数学知识对照表

138

图书在版编目（CIP）数据

罗克数学荒岛历险记.4，真假UBIQ／达力动漫著.—广州：广东教育出版社，2020.11

ISBN 978-7-5548-3308-7

Ⅰ.①罗… Ⅱ.①达… Ⅲ.①数学—少儿读物 Ⅳ.①O1-49

中国版本图书馆CIP数据核字（2020）第100224号

策　　划：陶　己　卞晓琰
统　　筹：徐　枢　应华江　朱晓兵　郑张昇
责任编辑：李　慧　惠　丹　李杰静
审　　订：苏菲芷　李梦蝶　周　峰
责任技编：姚健燕
装帧设计：友间文化
平面设计：刘徽羽　钟玥珊

罗克数学荒岛历险记　4　真假UBIQ
LUOKE SHUXUEHUANGDAO LIXIANJI　4　ZHENJIA UBIQ

广东教育出版社出版发行
（广州市环市东路472号12-15楼）
邮政编码：510075
网址：http://www.gjs.cn
广东新华发行集团股份有限公司经销
广州市岭美文化科技有限公司印刷
（广州市荔湾区花地大道南海南工商贸易区A幢　邮政编码：510385）
889毫米×1194毫米　32开本　4.75印张　95千字
2020年11月第1版　2020年11月第1次印刷
ISBN 978-7-5548-3308-7
定价：25.00元

质量监督电话：020-87613102　邮箱：gjs-quality@nfcb.com.cn
购书咨询电话：020-87615809